中国少年儿童科学普及阅读文库

探索·科学百科™ 中阶

地球危机

中国少年儿童科学普及阅读文库
TANSUO
KEXUEBAIKE
★★★★★
4级B2
探索·科学百科

[澳]莱斯利·迈法德恩⊙著
刘芸芸(学乐·译言)⊙译

Discovery
EDUCATION™

全国优秀出版社
全国百佳图书出版单位
广东教育出版社

广东省版权局著作权合同登记号

图字：19-2011-097号

本书原由 Weldon Owen Pty Ltd 以书名*DISCOVERY EDUCATION SERIES · Earth in Peril*

（ISBN 978-1-74252-205-0）出版，经由北京学乐图书有限公司取得中文简体字版权，授权广东教育出版社仅在中国内地出版发行。

图书在版编目（CIP）数据

Discovery Education探索·科学百科. 中阶. 4级. B2，地球危机/ [澳]莱斯利·迈法德恩著；刘芸芸（学乐·译言）译. —广州：广东教育出版社，2014.1

（中国少年儿童科学普及阅读文库）

ISBN 978-7-5406-9479-1

Ⅰ.①D… Ⅱ.①莱… ②刘… Ⅲ.①科学知识—科普读物 ②自然灾害—少儿读物 Ⅳ.①Z228.1 ②X43-49

中国版本图书馆 CIP 数据核字(2012)第167670号

Discovery Education探索·科学百科（中阶）

4级B2 地球危机

著 [澳]莱斯利·迈法德恩　　译 刘芸芸（学乐·译言）

责任编辑 张宏宇　李　玲　丘雪莹　　**助理编辑** 胡　华　于银丽　　**装帧设计** 李开福　袁　尹

出版 广东教育出版社

　　地址：广州市环市东路472号12－15楼　邮编：510075　网址：http://www.gjs.cn

经销 广东新华发行集团股份有限公司　　　　　　**印刷** 北京顺诚彩色印刷有限公司

开本 170毫米×220毫米　16开　　　　　　　　**印张** 2　　　　　**字数** 25.5千字

版次 2016年5月第1版　第2次印刷　　　　　　**装别** 平装

　　　　　　ISBN 978-7-5406-9479-1　　**定价** 8.00元

内容及质量服务 广东教育出版社 北京综合出版中心

　　　　　电话 010-68910906　68910806　　网址 http://www.scholarjoy.com

质量监督电话 010-68910906　020-87613102　　**购书咨询电话** 020-87621848　010-68910906

Discovery Education 探索·科学百科（中阶）

4级B2 地球危机

全国优秀出版社
全国百佳图书出版单位

广东教育出版社 学乐

目录 |Contents

全球变暖

在人类的整个历史中，洪水、干旱、飓风、台风、暴雨及热浪带给人类的灾难举不胜举，而全球变暖的趋势使这些极端天气事件在世界各地发生的频率和强度明显增加了。全球变暖还导致极地的冰盖融化、海平面上升，以及海洋温度升高。海水升温也严重影响到天气和气候，北美飓风活动的增多已被证明与大西洋海温升高有关。

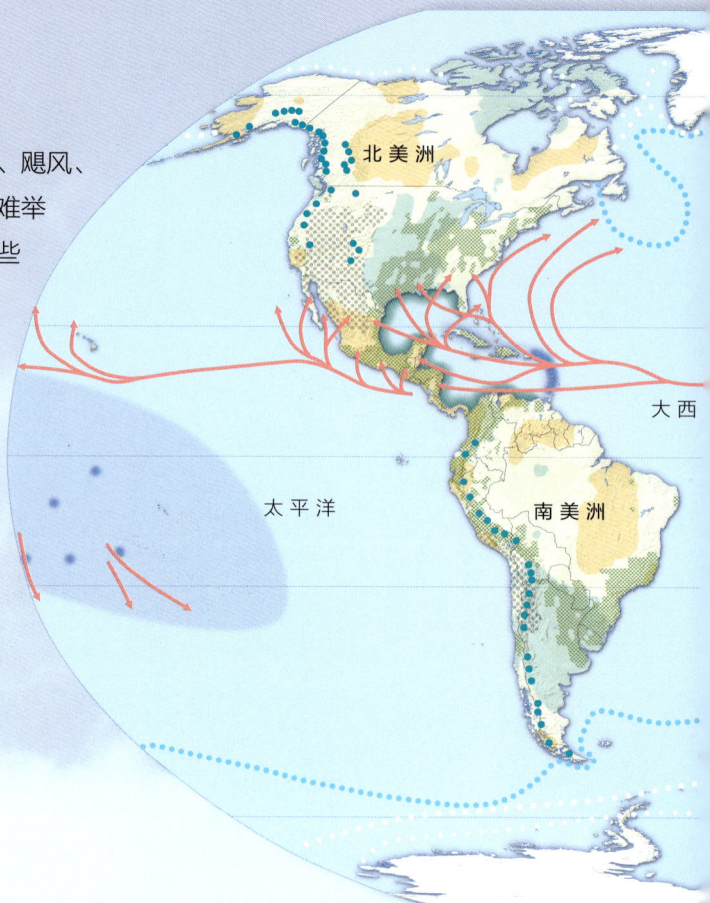

北美洲

太平洋

大西

南美洲

钻探冰芯

气候记录

对天气的记载可以追溯到几百年前，而采自地下3625米深处的冰芯却能够呈现75万年前的气候特征，树木的年轮也可以告诉我们9000年前的天气状况。至今科学家们还在争论太阳黑子的周期活动是如何影响地球气候的。

冰芯

科学家们认为冰层中存留的气泡可以反映当时大气的状况。

冰芯

年轮

树木年代学是研究和测定树木年轮的科学。

太阳黑子

太阳表面较暗、温度较低的斑点。其数量的变化周期为11年。

北冰洋

亚洲

欧洲

太平洋

非洲

印度洋

大洋洲

南冰洋

南极洲

图例

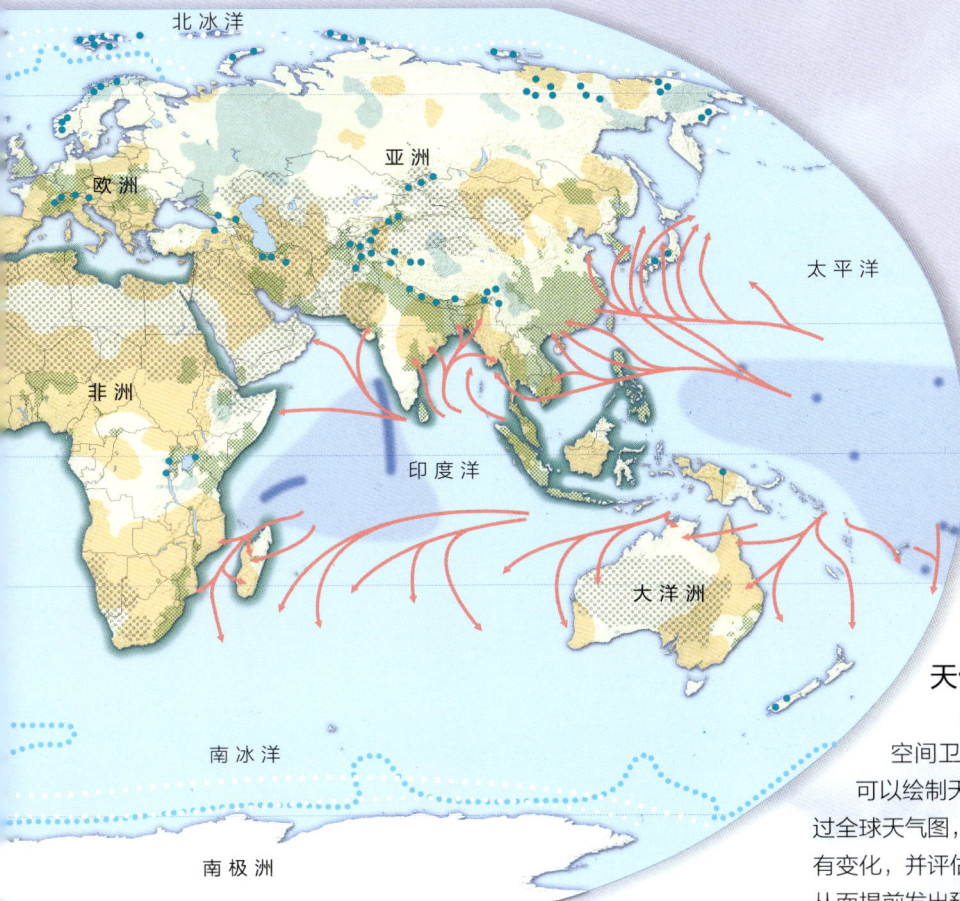

- 冰川
→ 热带气旋路径
☐ 冬季积冰面积
☐ 夏季积冰面积
☐ 冰川漂流范围
☐ 增多的干旱区
☐ 增加的降水
☒ 平均温度上升
☒ 洪灾
☐ 最可能淹没的海岸区
☐ 最可能淹没的岛屿
☐ 地势较低的岛屿

天气图上的变化

利用地面气象站和空间卫星提供的天气数据可以绘制天气图。科学家们通过全球天气图，可以监测天气的所有变化，并评估变化带来的风险，从而提前发出预警信号。

上升的气温

从过去160年的全球平均气温（下图的红线）的演变曲线可以看出，自化石燃料及发动机开始使用以来，平均气温一直在稳步上升。

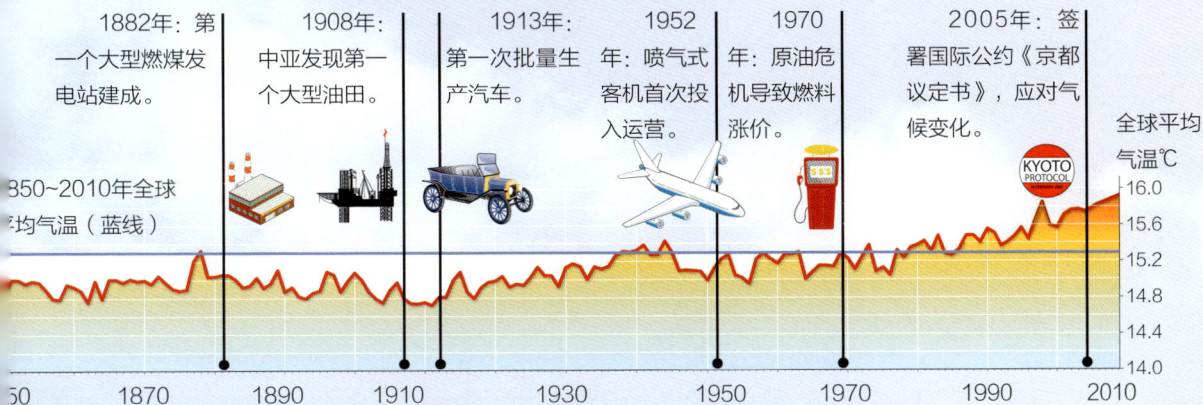

1882年：第一个大型燃煤发电站建成。

1908年：中亚发现第一个大型油田。

1913年：第一次批量生产汽车。

1952年：喷气式客机首次投入运营。

1970年：原油危机导致燃料涨价。

2005年：签署国际公约《京都议定书》，应对气候变化。

KYOTO PROTOCOL

全球平均气温℃

1850~2010年全球平均气温（蓝线）

16.0
15.6
15.2
14.8
14.4
14.0

1850 1870 1890 1910 1930 1950 1970 1990 2010

温室效应

阳光穿过温室的玻璃窗，热量被留在了温室内。地球上的"温室效应"与此类似，只是大气层中的气体代替玻璃，起到了将热量留住的作用。这些温室气体保证了地球上的温度适宜生存，足以使生命在这个星球上繁衍不息，蓬勃发展。

然而，工厂、发电站以及交通运输系统也会释放大量的温室气体，这使得过多的热量留在了大气层内，于是地球变得越来越暖了。

温室气体

二氧化碳（化石燃料燃烧所得）和甲烷（来自于天然气、垃圾堆以及畜牧业）占人类活动额外释放的温室气体的70％。二氧化碳可以在大气中存留200年，而甲烷可存留12年。

温室气体（总量百分比）

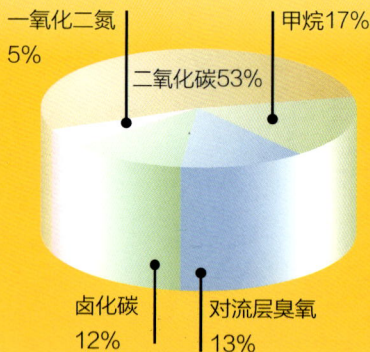

一氧化二氮 5%

甲烷17%

二氧化碳53%

卤化碳 12%

对流层臭氧 13%

反射
太阳的能量被反射回大气中。

阳光
太阳能量到达地球。

太阳能

太阳的能量穿越大气层抵达地球表面。地球表面的陆地和水吸收部分能量，同时将剩余的能量反射回大气中（黄色箭头所示）。但是，人类活动使过量的温室气体排放到大气中，大部分能量被温室气体截住而无法散发出去（红色箭头所示）。

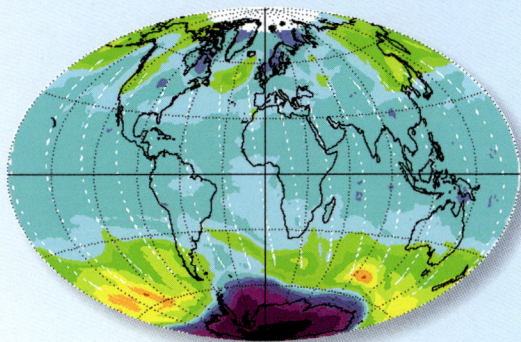

南极臭氧空洞

紫色区域显示，在南极上空的平流层中，臭氧层正变得越来越稀薄。臭氧可以吸收紫外线，臭氧层的变薄意味着到达地球的紫外线会更多。

冰镜

冰面反射的能量比其他表面更多。

截留

温室气体层捕获能量和热量，将其反射回地面。

不可思议

早在115年前，瑞典物理学家斯万特·阿列纽斯就曾发出警告："燃烧化石燃料将最终导致全球变暖。"

释放

陆地和海洋被阳光照射后，向大气中释放热量。

化石燃料

煤

炭、石油和天然气都是由古代有机物遗体的化石形成的，这也是它们被称作"化石燃料"的原因。富含碳的植物材料，经过岩层千万年的挤压，形成了煤炭。海洋生物也经过类似的过程形成石油和天然气。

化石燃料燃烧时，其蕴含的碳就释放到大气中，形成二氧化碳。

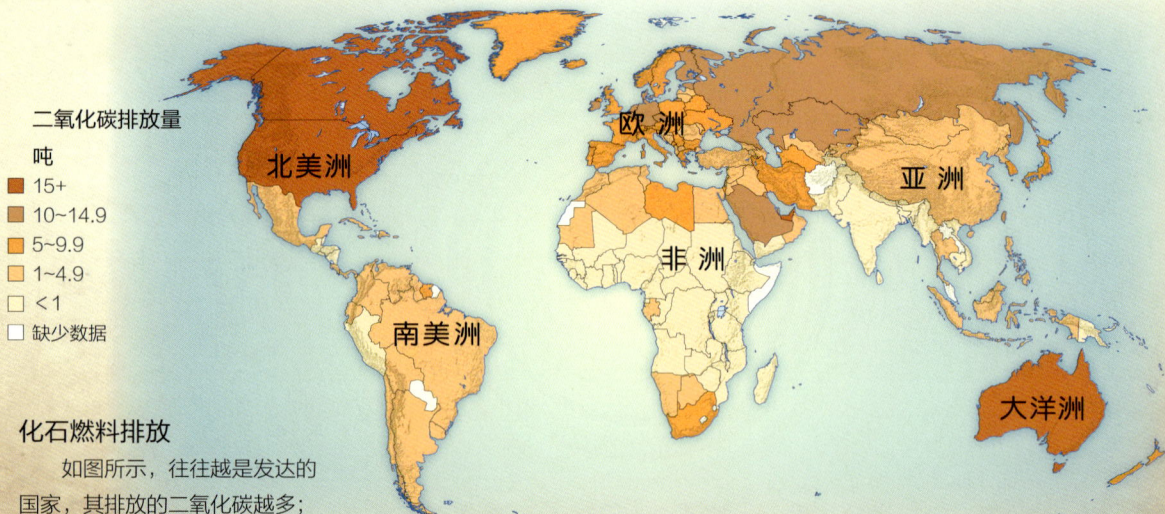

航空旅行

飞机会在大气中释放大量二氧化碳，这对大气是最为严重的破坏。飞机还释放能导致酸雨的氮氧化物。

二氧化碳排放量

吨

- 15+
- 10~14.9
- 5~9.9
- 1~4.9
- <1
- 缺少数据

北美洲

南美洲

欧洲

非洲

亚洲

大洋洲

化石燃料排放

如图所示，往往越是发达的国家，其排放的二氧化碳越多；而发展中国家二氧化碳人均排放量较低。

泥炭

由年代较近的植物沉积物形成，含碳量较低。

褐煤

被岩石挤压得结构紧密，但仍含有45%的水。

黑煤

含有焦油，可用来生产焦炭和炼钢。

无烟煤

燃烧时间最长，含碳量可达95%。

煤炭的形成

在距今3.6亿至2.9亿年前的石炭纪时期，大量的陆生植物沉积在浅水中，形成了地球上的煤炭资源。

酸雨

硫 氧化物和氮氧化物导致酸雨的形成，也会形成酸雾、酸雪和酸雹。如果一个地方的空气被污染，它可以漂浮到几千千米外，在其他地方降下酸雨。

酸度是通过 pH 值来衡量的，pH 值越低，就代表酸性越强。酸雨是 pH 值小于 5.6 的降水物。

毁灭森林

酸雨会给森林带来毁灭性的灾难，造成土壤和树叶中重要的矿物质元素流失。没有了这些矿物质，树木就会枯萎。

酸雨的形成

在发电厂、汽车、工厂和家庭中，化石燃料的燃烧都会产生氮氧化物。硫氧化物主要来源于火山喷发和一些化石燃料的燃烧。当这些气体释放到空气中，与水蒸气发生反应，就会形成酸雨。

汽车尾气排放氮氧化物

火山喷发出硫氧化物

燃煤火电厂煤炭燃烧释放这两种氧化物

云中的酸性气体产生酸雨

酸雨可使树木枯萎或死亡

酸雨会污染地下水

受到威胁的海岸

当海水涨潮或遇上恶劣天气时，地势低洼的沿海地区就容易发生洪灾。飓风临近时带来的向岸风，会导致更大的浪潮和比平时更猛烈的风暴潮。

科学家们认为不断上升的海平面和极端天气事件（如飓风）的频发，将会影响那些从未发生过洪灾的沿海地区；而那些曾遭受过洪灾的沿海地区，受到洪灾的影响会更大。

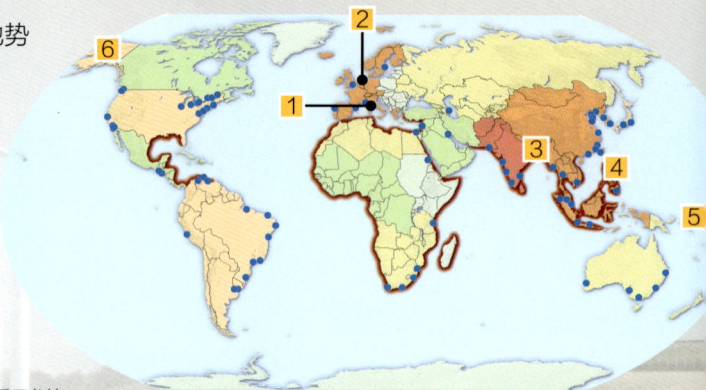

假如海平面上升

世界上许多沿海区域（红线所示）和城市（蓝点）都将受到海平面持续上升的威胁。

1 威尼斯

当潮汐超过110厘米时，威尼斯就会发生洪水，平均每年发生4次。预计到2014年，威尼斯可以建成一个新的洪水防御系统。但一些科学家预测，未来这个系统并不能有效地防御洪水，他们认为这里每年洪水的发生次数可能会上升到250次。

2 荷兰

荷兰是一个低地国家，全国有三分之一的面积低于海平面。几千年来，荷兰人建造了许多大坝保护自己的国家。这张经过处理的照片显示了北海海平面上升后漫过荷兰堤坝的情景。

3 孟加拉国

孟加拉国每年都有30%~70%的国土面积受到洪水的侵袭。最近的报告预测，2050年地球平均温度将升高1.4℃，海平面将持续上升，季风降雨量增加，气旋活动也会增多，这些会导致至少1.47亿孟加拉人受灾。

4 菲律宾

菲律宾沿海的村民为了避免洪水的侵袭，通常在高出水面的木桩上建造房屋。但这些木桩在风暴潮和日益频繁的飓风面前显得脆弱不堪，村民常常家毁人亡。

5 图瓦卢

太平洋上的岛国图瓦卢，由9个岛屿组成，它的1.1万居民正在寻找新的家园。在整个20世纪，海平面上升了20～30厘米，而且仍在继续上涨。海平面的上升已经影响到图瓦卢的饮用水和粮食生产。

6 希什马廖夫

因纽特人已经在美国阿拉斯加的希什马廖夫生活了2000多年，但是他们即将迁往大陆居住。不断上升的气温已经融化了他们村庄下的冻土层。海洋上的冰面本来能够阻挡风暴潮的侵袭，现在也正慢慢消融。

乱砍滥伐

世界上的森林能够帮助维持大气中气体的平衡。树木可以从空气中吸收二氧化碳，并用于光合作用，这也是森林被称为"碳汇"的原因。植物将氧气和水蒸气排放到大气中，既清洁了空气，也提供了形成雨云所需的水汽。

森林被采伐后，便再也不会释放水蒸气和氧气，表层土壤也可能被风吹走。一味的毁林开荒会导致大气中二氧化碳浓度不断升高。

不可思议

亚马孙热带雨林的降水有一半是由森林自己产生的。0.4公顷的树冠覆盖面一年可释放7.6万升水。

积雨云

河流释放水蒸气

树木释放水蒸气

健康的森林

对于一片森林，我们应该只采伐部分树木，这样剩下的森林仍然可以维持水的循环，也可以从大气中吸收二氧化碳，以及释放水蒸气产生降雨。

过度采伐的森林

森林过度采伐后，林木的数量减少，不能释放足够的水蒸气形成降雨。没有了树根阻止土壤的流失，河流就会淤塞。没有了植物的枯枝落叶提供营养物质，土壤就会变得贫瘠，庄稼也会减产。

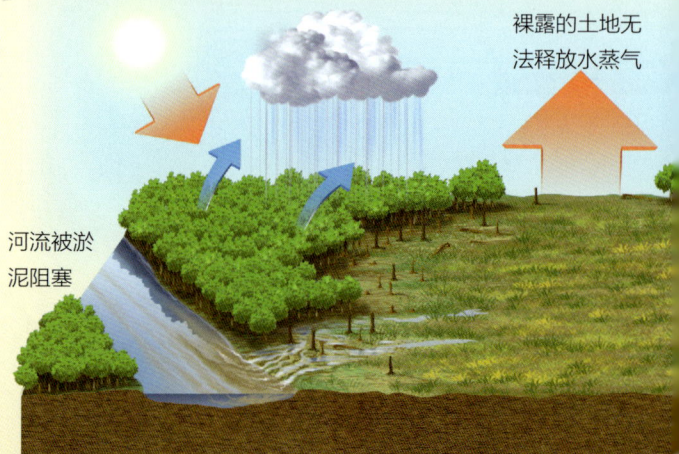

裸露的土地无法释放水蒸气

河流被淤泥阻塞

北美洲

欧 洲

亚 洲

大西洋

非 洲

太平洋

南美洲

印度洋

大洋洲

世界森林分布

■ 当前森林面积

□ 原生林面积

全球森林砍伐状况

　　在过去的2 000年里，世界上的森林消失了近一半。起初，大部分森林都是被伐木工人和农民所砍伐。如今，为了修建房屋、公路、铁路、发电站和输电线路，大片的森林都被采伐掉了。

　　在过去1万年间消失的森林中，有四分之一是在过去30年间被破坏的。

水蒸气越少
降雨越少

亚马孙雨林

　　亚马孙雨林是世界上最大的热带雨林地区，大约60%位于巴西境内。因为面积巨大，亚马孙雨林吸收了人类活动释放的大部分二氧化碳。对亚马孙雨林乱砍滥伐，将加速全球变暖的进程。

植被

■ 热带雨林

■ 被破坏的森林

□ 其他植被

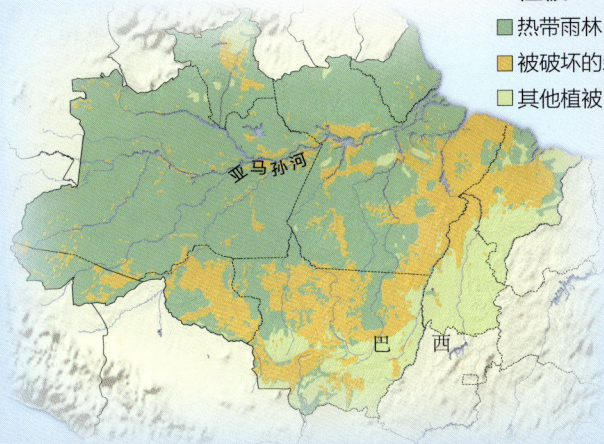

亚马孙河

巴 西

极端天气

气候变化已经影响到了天气状况，以及极端天气事件爆发的频率和强度。部分地区的飓风、气旋和台风预计会更频繁、更猛烈。高温热浪、干旱以及森林大火也会变得更为常见。世界各地的降水（雨和雪）量都会增加。海平面上升，伴随着强风，将会导致更多的风暴和洪水。

高温热浪

联合国政府间气候变化专门委员会（IPCC）预测高温天气将变得越来越频繁，尤其在欧洲和亚洲地区。欧洲极端高温的天数自 1880 年以来已经增加了 3 倍。如今热浪持续的时间已经是130 年前的两倍。

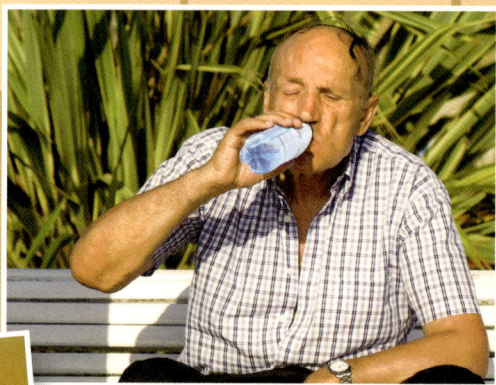

近期的热浪事件

2008年7~8月和2009年7月的热浪打破了美国118年来的高温纪录。2003年，欧洲有35 000人死于脱水、中暑和其他相关疾病。

城市热岛效应

热浪侵袭时，城市内的温度会比附近乡村高2~5℃。城市中树木少，不能提供更多的树阴和释放更多的水汽，而人行道、马路和建筑还吸收并保留更多的热量。

公交车、卡车和其他汽车排放的热量增加了城市的热量，形成城市热岛效应。

冰雪风暴

如果全球变暖了，为什么还会有冰雪风暴呢？从长期来看，温度升高，出现冰雪天的概率将降低。但目前风暴活动的频发和 0℃甚至 0℃以下的降水反而增加了雪暴的发生几率。

雪花晶

雪花

降水是指水滴从天空中的云落下来。水在0℃时会结冰，这时从云中落下的冰晶形成了雪花。每一滴雨滴几乎都一样，但是每一片雪花却都不同。

一路向北

在过去的50年里，美国暴风雪的发生地向北移了很多。暴风雪的发生频率降低了，但程度却更加严重了。2010年2月，美国就遭受了一场罕见的"末日暴雪"。

雪崩

雪崩和山体滑坡有点类似。山体滑坡是指岩石和泥土从山上滑下，而雪崩是指积雪滑下。雪滑落的距离越长，它的速度就越快，破坏力就越大。气温升高、强风或者人类活动都可以导致雪崩的发生。

新降下的雪覆盖在湿滑的积雪上。

不稳定的表层开始滑动。

救援人员寻找幸存者。

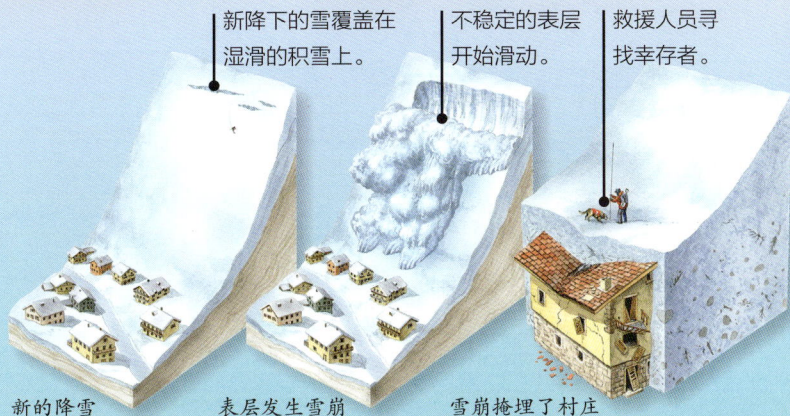

新的降雪　　　　表层发生雪崩　　　　雪崩掩埋了村庄

洪水

　　洪水有三种类型：风暴潮引起的沿海洪水、暴雨导致的河道洪水，以及山顶融化的雪水冲入山谷时引发的突发性洪水。因洪水而死亡的人数比其他任何自然灾害都多。

意大利洪水

　　2000年10月，意大利西北部的内陆山区6天的降水量达到700毫米。河水溢出河堤，冲毁了房屋，2万居民不得不被疏散。

干旱

干旱是长期缺乏降水造成的，会导致农作物减产。干旱在世界上许多地区时常发生。自20世纪70年代以来，干旱发生的频率及影响已经加倍。

干旱的成因

干旱是由降水减少造成的，往往也伴随高温，从而蒸发更多的水分。如果降雨发生的时间不合适，也一样会造成干旱。

厄尔尼诺

厄尔尼诺是赤道附近的太平洋海域水温异常升高的现象。厄尔尼诺每2~7年就会发生一次，影响全球气候。最近，厄尔尼诺发生的频率和强度都有所增加，可能是全球变暖的结果。

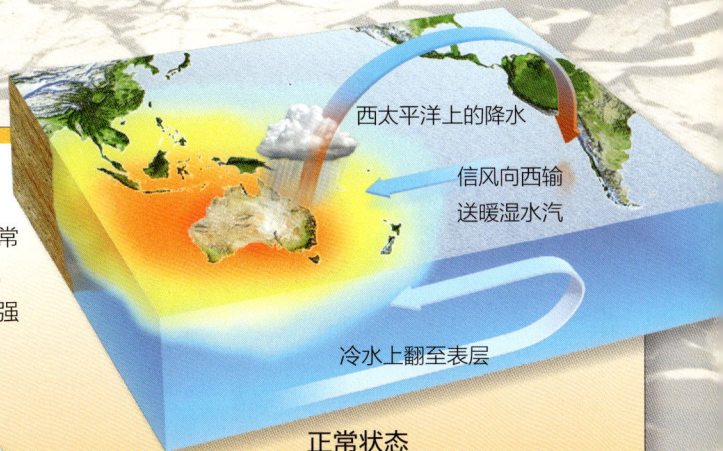

西太平洋上的降水

信风向西输送暖湿水汽

冷水上翻至表层

正常状态

在正常年份，信风将南美西部的水汽带到太平洋西部，并形成降水。

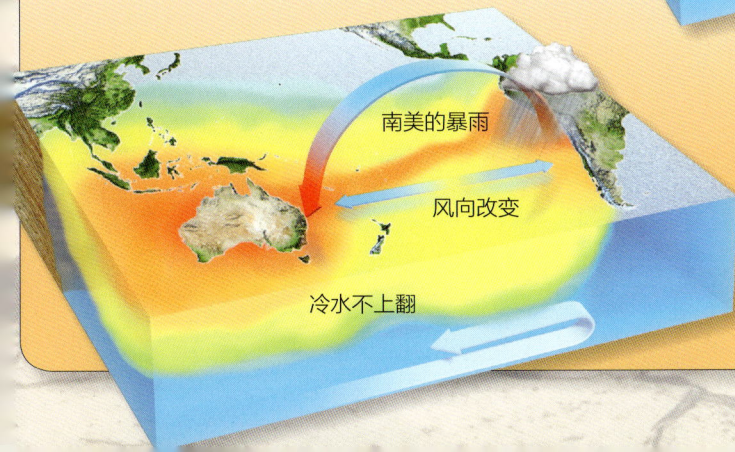

南美的暴雨

风向改变

冷水不上翻

厄尔尼诺状态

在厄尔尼诺年，信风的方向改变。南美暴雨连连，但在太平洋西部地区却发生干旱。

可替代能源

和化石燃料燃烧会释放温室气体不同，有些方法能够产生能量而不会释放温室气体。许多可替代能源都是利用可再生的阳光、水、潮汐、风和地热来获取能量的。通过原子核裂变和燃烧沼气也可以产生能量。

在持续的能源需求和全球变暖的影响下，许多国家都开始利用这些无污染的可替代能源。

风能

风力涡轮机的叶片可以在风的作用下转动。它们看上去像是飞机的螺旋桨，和风车运转类似。旋转的叶片连接在传动轴上，推动发电机发电。

太阳能

在美国的太阳能发电站中，热能被收集起来加热产生蒸汽，并以此驱动发电机发电。世界上还有许多地区，利用太阳能电池或光伏电池直接将太阳能转化成电能。

潮汐能

水下的涡轮机和风力涡轮机相似，但利用的是潮汐和水流转动涡轮机的叶片发电。水的力量比风大，所以潮汐涡轮机的叶片必须更加结实。

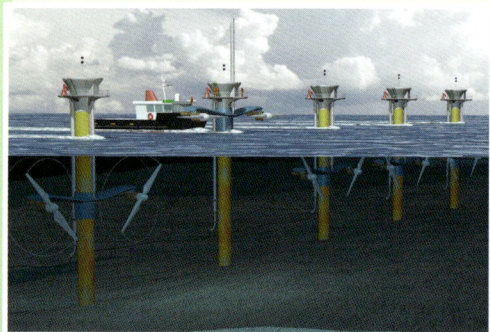

> " 掌控清洁能源、可再生能源的国家将会引领 21 世纪。 "
>
> —— 美国总统：巴拉克·奥巴马

水能

  湍急的河流或瀑布的水穿过水闸，可以转动水轮机的叶片。人们越来越多地建造大坝将水拦住，然后再将水释放，用来进行水力发电。

核能

  原子分裂为更小的粒子的过程称为核裂变，同时可以产生能量和热。用铀做燃料，在核电厂的反应堆内进行核裂变，利用核裂变中释放的能量发电。

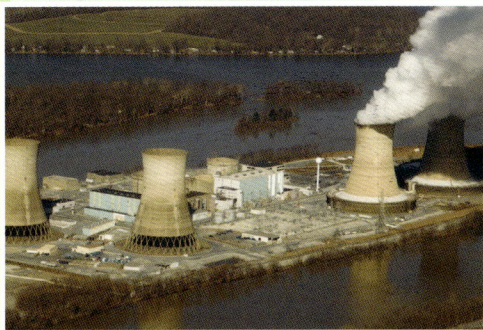

  世界上最早的水力发电站建于大约 130 年前，大坝位于美国威斯康星州的福克斯河上。

地热能

  利用地球内部的能量给房屋供暖或发电。大部分地热发生在板块和板块的交界处，那里也是地震和火山频发的地区。

垃圾能

  当垃圾在垃圾填埋场腐烂发酵时，会释放甲烷（黄色箭头所示）。将甲烷气体收集起来，然后输入发电机，甲烷可以在那里燃烧产生电能。

发电机

? 你来决定

可替代能源不会释放温室气体，且大多数都是可持续和可再生能源。化石燃料释放温室气体，它们是经过上百万年才形成的，因此总有一天会用尽。你希望你的国家如何满足未来的能源需求？你来决定！

石油

原油是一种黄黑色液体，储藏在地下。可以用来发电和作为运输燃料。大多数国家都需要进口原油。石油储藏量正在逐渐减少。

化石燃料

全球对能源和运输燃料的需求很大，并逐年增加。我们目前主要使用化石燃料，并知道如何利用设备从地下开采出这种燃料来。但化石燃料正危害着我们的星球，且不可再生。

煤炭

煤炭是人类用来获取能量的一种最古老的化石燃料，煤炭燃烧释放出四种温室气体。"洁净煤"技术降低了其中一些温室气体的排放量，但无法消除。

可替代能源

目前，美国的能源中仅有7％为可再生资源。生产可替代能源花费较高，且技术也仍在开发中。大规模使用可替代能源可能还需要一些时间。

风能

近些年，对风能的利用发展迅速。在美国，风力发电可以为460万户居民供电。风力涡轮机需要精心选址，以确保推动涡轮机的风力基本稳定。

核能

核能可以产生大量的电，且不释放温室气体。但需要安全处理核废料，预防核泄露事故，以及解决铀燃料不可再生等问题。

天然气

燃烧天然气所释放的碳、硫和氮比其他化石燃料少，但仍然释放二氧化碳。它的主要成分为甲烷，也是一种温室气体。

太阳能

太阳能是可持续、可再生的资源，但对于某一地区来说，可获得的太阳能常常是间断的，不够稳定。为了获取足够的太阳能，需要准备许多太阳能电池或者热能收集箱。

垃圾回收

回收（Recycle）是节约能源（3R）中的第三步。另外两个分别是：少用（Reduce）和再利用（Reuse）。减少使用塑料、玻璃、纸张及罐头，在你的生活中尽量重复使用这些东西。最后，回收它们。

把可回收利用的东西扔进垃圾桶，将产生更多的垃圾，最终只能焚烧处理，而这一过程会释放出二氧化碳。不烧毁的话，就只能埋入垃圾填埋场，而这样则会释放甲烷气体。

回收玻璃

玻璃是一种理想的循环物质，因为它能够一次又一次地回收再利用。每回收一吨玻璃制作成新的产品，向大气中排放的二氧化碳就减少了225千克。

纽约一个回收工厂的工人对各种不同类型的玻璃瓶进行分拣。

一个塑料瓶的旅行

塑料不是有机物，因此不可降解。塑料瓶，尤其是用来装水的塑料瓶，是污染环境的主要问题，而且数量还在不断增加。这里提供两种处理塑料瓶的方法。

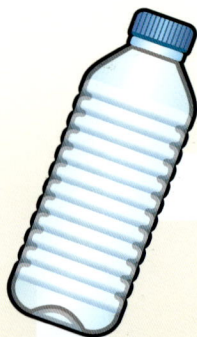

选择1

这是美国每年买进的290亿个塑料瓶中的一个。

选择2

垃圾桶

在发达国家，平均每人每天要往垃圾桶内丢弃2~3千克的垃圾。所有塑料瓶中大约有三分之二没有回收利用，而是扔进了垃圾填埋场。

垃圾填埋场

现在不少宝贵的土地都变成臭气难闻的大型垃圾填埋场，而且维护费用很高。如果人们不再将塑料瓶扔进垃圾桶，那么垃圾填埋物的数量就会减少。

分解

一个塑料瓶需要大约450年才能分解。

收集

　　许多地方都会有专人定期在大街小巷收集塑料瓶。如果没有，可以将瓶子送往塑料瓶收集站或回收中心。

回收塑料容器

　　在塑料瓶的底部有一个小三角，里面写有数字。数字1（PET）和2（HDPE）表示瓶子可以回收利用。

分类

　　在物品回收中心，根据不同类型将塑料瓶分开。将可回收的PET和HDPE瓶子及不可回收利用的PVC瓶子区分开来。

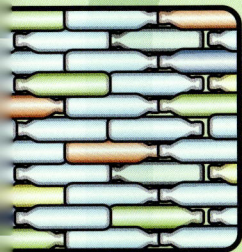

挤压成块

　　经过分类的塑料瓶被挤压成块状。这样更容易处理，货车运输时占用空间也较小。

再生

　　在再生工厂，工人把挤压成块的塑料瓶剪成碎片。先将这些碎片清洗干净，去除油脂和标签，然后晾干。

新产品

　　将干净的塑料碎片送入塑料制品工厂，先回炉融化，然后重新塑造成新的塑料产品。

减缓气候变暖

人类活动排放的所有二氧化碳中，有 41% 来自工业生产（工厂和发电厂），22% 来自交通运输，还有 33% 来自我们的家庭（大约占了所有排放量的三分之一）。将房屋建设和设施的能源消耗降到最低，那温室气体的排放量也将降到最小。

如今，许多住宅设计师、建筑商及组装房供应商，专门开发生态住宅，将能源使用量降至最低。这种"被动式一低能耗"住宅，使用特殊的材料、保温及供暖技术，因此几乎不需要消耗能源进行供暖。

双层玻璃窗

双层玻璃窗在冬季可以有效保暖。

晾晒衣服

把衣服放在通风，有太阳的地方晾晒，而不使用烘干机，以避免能源消耗。

生态住宅

一个生态住宅可以最大限度地减少能源和水的消耗。处理水、排水、分配水都是需要消耗能源的。节约用水和循环用水能够节约能源，减少家庭的碳排放。

堆肥

剪下的草坪草屑、剥下的菜叶和鸡蛋壳等都可以用来堆肥。

污水管道

用厨房和卫生间流出的废水灌溉花园，减少市政用水。

回收利用

垃圾分类处理可降低垃圾填埋过程中甲烷的排放量。

家庭出行工具

自行车无温室气体排放，电动车或混合动力车的碳排放也很低。

雨水收集箱

收集雨水来灌溉花园，减少市政用水。

家用电器处于待机模式所消耗的电量，占到家庭碳排放量的 5%。

太阳能电池板的作用

太阳能电池（或光伏电池）由硅制成，当受到太阳光的照射时，就可以产生电流。20世纪50年代发射的"史普尼克"3号卫星上首次使用了该技术。如今，由多组光伏电池构成的太阳能电池板已应用于普通家庭，可用来供电和烧水。

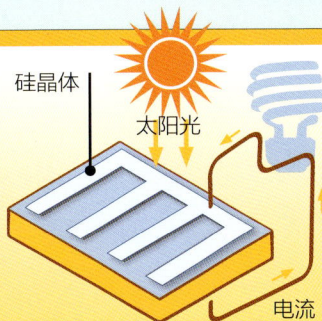

硅晶体

太阳光

电流

太阳能电池板

可用来烧水和发电。

风力涡轮机

转动风轮就可以产生可再生能源。

太阳管

将阳光导入房间，给屋内提供自然光源。

隔热层

冬季，屋顶的隔热层可减少热量的散发。

浴室

使用低流量的淋浴器和马桶能够节约用水。

吊扇

吊扇的耗电功率为100瓦，而空调的功率是7 500瓦。

家用电器

节能型的家用电器会降低家庭碳排放量。

温室

获取热能并加热水箱。

地暖

太阳能热水管道为房间供暖。

衣物洗涤

使用滚筒洗衣机及冷水洗涤更加环保。

可再利用污水

从浴室和厨房流出的洗涤废水可保存下来用作他途。

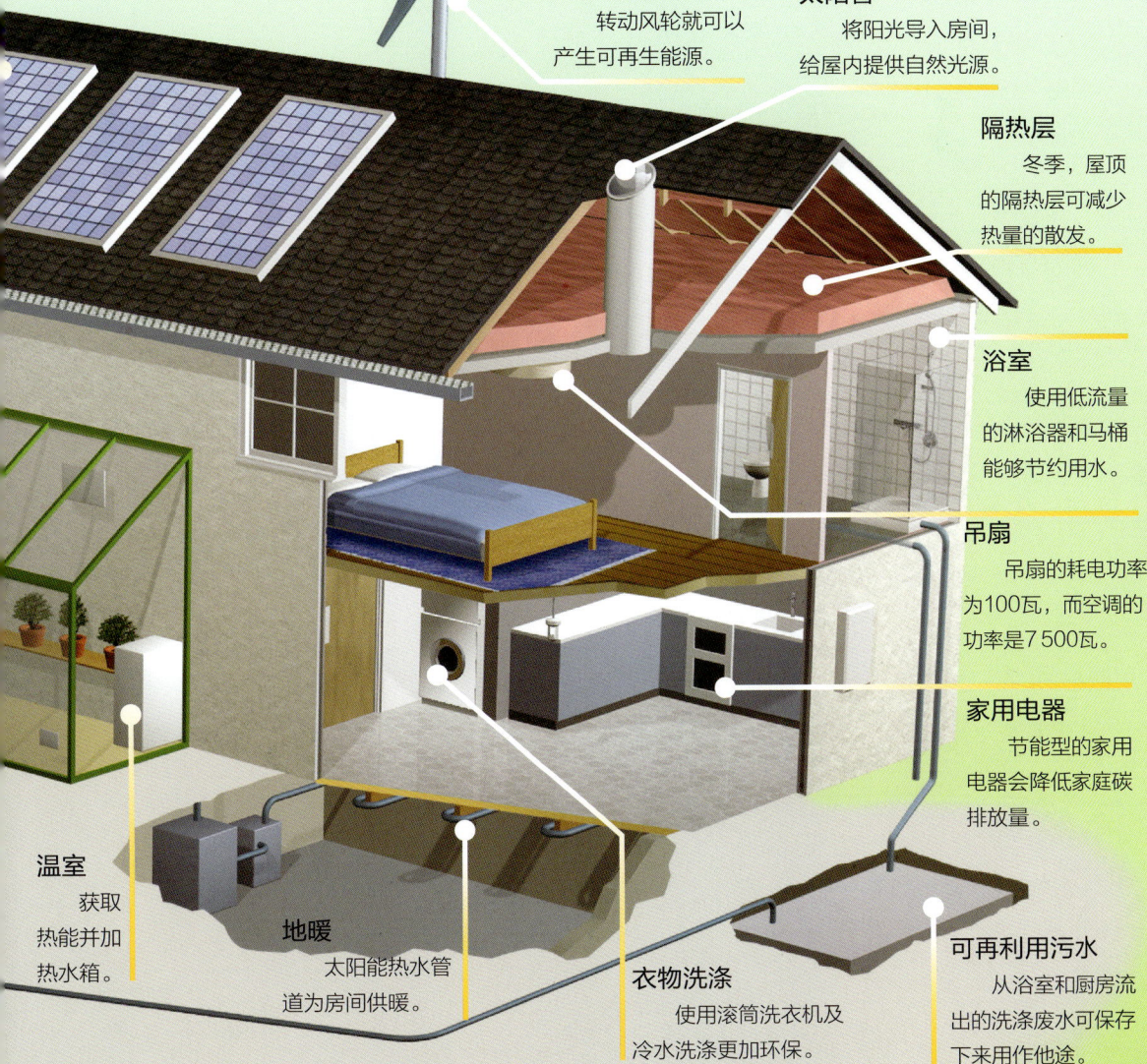

气象档案

天气是指某一天里在某一地区的气温和降水状况。气候是指多年的天气平均状况。为了评估全球的气候变化，科学家们需要非常准确的历史气象数据，而且时间跨度越大越好。自 1880 年起，全球开始有统一的气象观测记录，最初依赖地面气象观测站收集数据，如今还使用气象卫星进行观测。

风暴天气

2 雷暴日数最多的地区
在印度尼西亚爪哇岛西部的茂物（Bogor），平均每年有322天出现雷暴。

3 闪电最多的地区
在刚果民主共和国的基福卡(Kifuka)附近，平均每平方千米的范围内每年发生158次闪电。

4 最重的冰雹
1986年4月14日在孟加拉国的戈巴尔干尼（Gopalganj）降下重量达1.02千克的冰雹。

5 最大的冰雹
2003年6月22日在美国内布拉斯加州的奥罗拉（Aurora）降下圆周为47.62厘米的冰雹。

不可思议！

《英格兰中部气温纪录》从1659年就开始每月记录气温，从1772年开始每天记录气温。这是世界上历时最长、由仪器测量的气温数据。

风速

1 地表风速最大的地区
美国新罕布什尔州的华盛顿山气象台记录的最高地表风速为372千米/小时。

最少的降水

阿塔卡马沙漠（Atacama Desert）大部分处于安第斯山脉地区，这里不仅是全世界降水最少的地区，而且气温也比其他沙漠低。

最多的降水

乞拉朋齐是世界上降水最多的地区，大多数暴雨都发生在季风季节，即每年的4月到10月期间。

降水

9 平均年降水量最多的地区

在印度梅加拉亚邦的马乌斯伊瑞姆（Mawsynram）村，年平均降水量为11 849毫米。

10 24小时内降水量最多的地区

在印度洋留尼旺岛的福柯–福柯（Foc-Foc），1966年1月7~8日，24小时内的降水量达到1 825毫米。

11 平均年降水量最少的地区

在南美洲智利的阿塔卡马沙漠部分地区，在过去400多年里都没有降水。

12 日降雪量最大的地区

1921年4月14~15日，在美国科罗拉多州的银湖，日降雪量达到1930毫米。

气温

6 最高气温

1922年9月13日在非洲利比亚的阿济济耶(Al Azizyah)，出现了57.8℃的最高气温。

7 最低气温

1983年7月21日在南极洲的东方站(Vostok)，出现了-89.2℃的最低气温。

最大日变温

8 1916年1月23~24日在美国蒙大拿州的布朗宁（Browning），气温从6.7℃下降到-49℃。

最低气温

建于1957年的东方站位于南极东部冰盖中心，靠近南极磁点。这里记录了地球上的最低气温，没有任何野生动物在此生存。

知识拓展

酸雨(acid rain)
指大气中硫氧化物和氮氧化物与水汽结合后形成的含有酸性物质的雨水。

二氧化碳(carbon dioxide)
由一个碳原子和两个氧原子构成的无味气体。

碳足迹(carbon footprint)
一种衡量个人、家庭或企业对环境产生负面影响的指标。

碳汇(carbon sink)
一个时期内吸收并储存大气中二氧化碳的天然或人工储存库。

氟利昂(chlorofluorocarbons，CFCs)
一种复合气体，包含碳、氯、氟和氢。原多用作制冷剂，用于冷冻和空气调节系统。

洁净煤技术(clean coal)
是指一系列煤炭处理技术，旨在减少煤炭燃烧时的污染物排放量以及能量散失。

树木年代学(dendochronology)
根据树木年轮的颜色和宽度来研究树龄的学科。

生态住宅(eco-house)
一种能节约能源和水，并减少浪费、污染和碳排放的住宅。

厄尔尼诺(El Niño)
赤道太平洋水域中的一股温度异常升高的暖流，主要发生在南美西海岸。

突发性洪水(flash flood)
在暴雨过后或地势较高的大坝决堤时出现的突发性的严重洪灾，地势较低的地区往往被淹没。

化石燃料(fossil fuels)
动植物在岩石层下经过上百万年的挤压后形成的碳氢化合物。

地热(geothermal power)
来自于地核深处的热量。

全球变暖(global warming)
在相当长的时期内地表平均气温持续升高的现象，导致全球气候发生变化。

温室效应(greenhouse effect)
由于人类活动向大气中释放出额外的温室气体而导致地表气温升高的现象。

温室气体(greenhouse gas)
能够吸收并截留来自太阳红外线的气体。

混合动力车(hybrid automobile)
靠两种或两种以上动力驱动的汽车，例如，同时装有汽油发动机和电动马达的汽车。

甲烷(methane)
结构最简单的碳氢化合物，是缺氧环境下有机物分解时产生的气体。

氮氧化物(nitrogen oxides)
由不同氮原子和氧原子组合而成的气体，有些氮氧化物有毒。

核裂变(nuclear fission)
原子快速分裂形成更小的粒子，并释放出能量的过程。

有机物(organic)
有生命的生物统称（包括动物和植物），一般都含有碳元素。

水闸(penstock)
一种将河流、水库或水坝里的水导入涡轮机或水轮中的人工建筑。

永久冻土(permafrost)
在南极和北极附近，一种地表以下处于永久冰冻状态的土地。

光伏电池(photovoltaic cell)
一种将太阳光直接转化为电能的电池。

**可再生资源
(renewable resource)**
在相对较短的时期内可持续地补充的天然资源。

土壤流失(soil runoff)
土壤被暴雨或洪水等冲走，流入附近的小溪或河流中。

风暴潮(storm surge)
飓风、气旋或台风引起扑向海岸的狂风，从而造成海平面异常上升的现象。

风暴潮汐(storm tide)
由风暴潮和涨潮的共同作用而引起的海平面异常上升的现象，有时也叫飓风潮汐。

硫氧化物(sulfur oxides)
煤或石油等含硫的燃料燃烧时产生的气体，或者在工业提炼矿物过程中释放出来的气体。

**可持续资源
(sustainable resource)**
某种意义上，无论怎样采集和利用都不会导致资源总量面临严重短缺，且不会被永久性破坏的天然资源。

集热器(thermal collector)
利用镜子或透镜聚集的太阳能来加热水，利用水蒸气发电。

涡轮机(turbine)
中心轴上安装了一组能够旋转的叶片的机器或发动机，通过水、风或蒸汽提供动力。

紫外线(ultraviolet light)
一种不可见的高能量射线，它的波长比可见光小。

铀(uranium)
一种银白色的天然金属元素，具有放射性和很高的毒性，通常用在核电站和核武器中。

探索·科学百科™

Discovery EDUCATION™

世界科普百科类图文书领域最高专业技术质量的代表作

小学《科学》课拓展阅读辅助教材

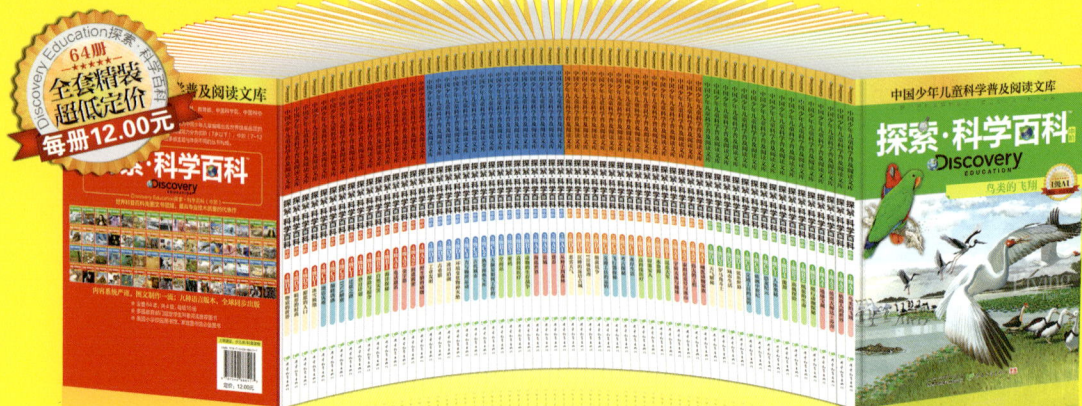

64册
全套精装
超低定价
每册12.00元

Discovery Education探索·科学百科（中阶）丛书，是7~12岁小读者适读的科普百科图文类图书，分为4级，每级16册，共64册。内容涵盖自然科学、社会科学、科学技术、人文历史等主题门类，每册为一个独立的内容主题。

Discovery Education
探索·科学百科（中阶）
1级套装（16册）
定价：192.00元

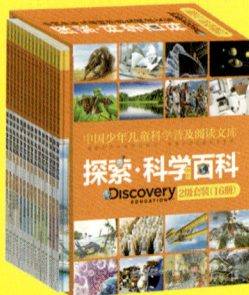

Discovery Education
探索·科学百科（中阶）
2级套装（16册）
定价：192.00元

Discovery Education
探索·科学百科（中阶）
3级套装（16册）
定价：192.00元

Discovery Education
探索·科学百科（中阶）
4级套装（16册）
定价：192.00元

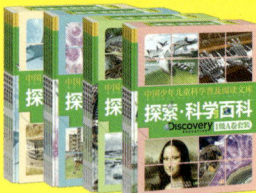

Discovery Education
探索·科学百科（中阶）
1级分级分卷套装（4册）（共4卷）
每卷套装定价：48.00元

Discovery Education
探索·科学百科（中阶）
2级分级分卷套装（4册）（共4卷）
每卷套装定价：48.00元

Discovery Education
探索·科学百科（中阶）
3级分级分卷套装（4册）（共4卷）
每卷套装定价：48.00元

Discovery Education
探索·科学百科（中阶）
4级分级分卷套装（4册）（共4卷）
每卷套装定价：48.00元